FORSCHUNGSBERICHT DES LANDES NORDRHEIN-WESTFALEN

Nr. 2635/Fachgruppe Physik/Chemie/Biologie

Herausgegeben im Auftrage des Ministerpräsidenten Heinz Kühn
vom Minister für Wissenschaft und Forschung Johannes Rau

Fachhochschullehrer Prof. Dr.-Ing. Günter Dobbert
Fachhochschullehrer Prof. Dr.-Ing. Wilfried Wiese †
Wohlwill-Werkstoffprüflabor der Fachhochschule Lippe

Periodische Wechsel-Reduktionselektrolyse von Spurstein unter Gewinnung von umformfähigem Elektrolytkupfer und Elementarschwefel

WESTDEUTSCHER VERLAG 1977

CIP-Kurztitelaufnahme der Deutschen Bibliothek

Dobbert, Günter
Periodische Wechsel-Reduktionselektrolyse von
Spurstein unter Gewinnung von umformfähigem
Elektrolytkupfer und Elementarschwefel / Günter
Dobbert; Wilfried Wiese. - 1. Aufl. - Opladen:
Westdeutscher Verlag, 1977.
   (Forschungsberichte des Landes Nordrhein-
   Westfalen; Nr. 2635 : Fachgruppe Physik,
   Chemie, Biologie)
ISBN 978-3-531-02635-0   ISBN 978-3-322-88367-4 (eBook)
DOI 10.1007/978-3-322-88367-4

NE: Wiese, Wilfried:

I n h a l t   Seite

1. <u>Problemstellung</u>

Zur Herstellung von Primär-Kupfer werden im wesentlichen sulfidische
Erze verwandt - und an dieser Situation wird sich auch in naher Zukunft
nichts ändern.
Seit der Jahrhundertwende hat sich im Verhüttungsgang für Kupferkies-
Konzentrate ein Standardverfahren entwickelt, das auch heute noch als
voll funktionsgerecht gilt:
1. Teiloxydation im Röstofen
2. Schmelzen im Erzflammofen auf Kupferstein
3. Verblasen des Kupfersteins im Konverter
4. Vorraffination im Anodenofen
5. Elektrolytische Raffination
6. Umschmelzen der Katoden

Bei diesem Verfahrensgang fallen aus dem Sulfidschwefel des Kupferkieses
zwangsweise 3 Tonnen Schwefelsäure pro Tonne Kupfer an. Sie muß auf
einem Markt abgesetzt werden, an dem permanent ein Überangebot herrscht;
der Druck wird in letzter Zeit durch den bei der Erdölverarbeitung anfallenden Schwefel noch verstärkt. Neue Verwendungsmöglichkeiten für
Schwefelsäure, die eine wesentliche Steigerung der Nachfrage zur Folge
haben könnten, sind aber nicht zu erwarten.
Ein weiterer Gesichtspunkt ist zu beachten: Bei diesem Verfahrensgang
sind SO_2-Emissionen, die die Umwelt belasten, unvermeidbar.
Auch bei den neuentwickelten, bereits großtechnisch erprobten Verfahren
zur Verarbeitung sulfidischer Kupfererze (z. B. die von Outokumpu, Inco,
Noranda, Worca, Mitsubishi und Kivcet) werden beide grundsätzlichen
Nachteile nicht vermieden.
In Übereinstimmung mit anderen Bearbeitern (1) wird daher der Schluß
gezogen, daß es günstiger ist, wenn nicht Schwefelsäure sondern
Elementarschwefel als Nebenprodukt anfällt. Elementarschwefel kann z. B.
auf Halde gelegt, in stillgelegten Bergwerken deponiert oder als Zuschlag in Baumaterialien verwendet werden (2). Als Randbedingung ergibt
sich dabei, daß der Schwefel aus Kostengründen frei von Schwermetallen,
insbesondere Edelmetallen sein muß.

Die elektrolytische Zersetzung des sulfidischen Materials ist eine
Möglichkeit, bei der Kupfererzeugung Elementarschwefel statt Schwefel-
dioxid bzw. Schwefelsäure als Nebenprodukt zu erhalten. Aus der Literatur ist zu diesem Problem folgendes bekannt:

Hoar und Ward (3) schlagen vor, Kupfersulfid im Schmelzfluß zu zersetzen. Von 1906 bis 1908 arbeitete in Mansfeld eine Versuchsanlage mit 165 kg schweren Spursteinanoden (4). Bei der im Technikumsmaßstab arbeitenden Anlage des Cymet-Prozeß wird Kupfereisensulfid als Ausgangsmaterial eingesetzt (5). Krüger und Winterhager (6) untersuchten das Verhalten von Kupferbleistein in Sulfat- und Chloridelektrolyten. Kuxmann und Biallaß (7) arbeiteten mit synthetischem Kupfer(I)-sulfid sowie Sulfatelektrolyt und überprüften den Einfluß von Salpetersäurezusätzen auf die Stromausbeute. Die Untersuchungen von Venkatachalem und Mollikarjunan (8) bezogen sich auf synthetisches Kupfer(I)-sulfid und 42- bis 47%igen Kupferstein sowie die Wirkung von Ultraschall auf die Lösbarkeit von Sulfidanoden. Habashi und Torres-Acuña (9) wählten als Ausgangsmaterial Spurstein mit einem geringen Edelmetallgehalt. Laig-Hörstebrock (10) hat das elektrolytische Auflösen von Metallsulfiden untersucht.
Bei vorliegender Arbeit wird im wesentlichen aus zwei Gründen mit Spurstein als Ausgangsmaterial gearbeitet: 1. Es scheint wirtschaftlich nicht vertretbar, für die Abtrennung von Eisen direkt elektrische Energie einzusetzen. 2. Spursteinanoden lassen sich in eine bestehende Anlage zur elektrolytischen Kupferraffination einsetzen, ohne deren Betriebsablauf ernsthaft zu gefährden. Damit kann das von vornherein geplante Verbundsystem zwischen Standard- und neuem Verfahren im technischen Maßstab untersucht werden.

Es besteht heute der Trend, mit hohen Stromdichten zu operieren, um so die Kapazität der Elektrolyse zu erhöhen. Prinzipiell ist es möglich, auch dann noch kompakte Abscheidungen zu bekommen, wenn die Stromdichten das 100- bis 10.000fache der zur Zeit üblichen betragen (11). Eine konventionelle Raffinationselektrolyse arbeitet bereits mit 250 A/m² (12). Durch ein spezielles Elektrolytumlaufsystem und neuartige Zellenkonstruktion kann die Stromdichte auf 450 bis 650 A/m² gesteigert werden (13). Beim Power Plate Process, einer Reduktionselektrolyse von Kupfersulfat, wird mit 1.000 bis 2.000 A/m² gearbeitet (14).
Neue Aspekte brachte die Wechsel- bzw. Umkehrelektrolyse, bei der periodisch die Katode als Anode geschaltet wird. Hierbei sollen die Knospen auf der Katodenoberfläche, in denen sich erfahrungsgemäß Verunreinigungen ansammeln, immer wieder geglättet werden. Mitte der sechziger Jahre wurde so eine Elektrolyse von bulgarischen Technologen verwirklicht (15), die Anlage in Boliden arbeitet mit einer Stromdichte

von 340 A/m² (16) und die der IMI Refinery Holdings Limited seit 1973
mit 400 A/m² (17).
In vorliegender Untersuchung sollte unter Verwendung üblicher Zellenkonstruktion sowohl in konventioneller Schaltweise als auch bei peri-
odischer Umkehr des Stromflusses mit Stromdichten bis zu 1.100 A/m²
gearbeitet werden.

2. Ausgangsmaterial Spurstein

2.1. Zweistoffsystem $Cu-Cu_2S$

Dieses System ist für die Durchführung der Elektrolyse wichtig wegen
Auftreten von Modifikationsänderungen und Kupferausscheidungen.

Bild 1 zeigt das System entsprechend den Daten von Kellogg (18). Die
darin auftretenden Modifikationen des Kupfer(I)-sulfids haben folgende
Kristallstruktur:

α -Cu_2S: rhombisch

β -Cu_2S: hexagonal

γ -Cu_2S: kfz

Hinsichtlich Mooskupferbildung stellten Johannsen und Vollmer (19) fest,
daß sie nur möglich ist, wenn die Schwefelkonzentration zwischen der
Mischungslücke und der Konzentration des reinen Cu_2S liegt. Dieses Ge-
biet ist in Bild 1 durch einen Pfeil gekennzeichnet. Je höher die Abkühlgeschwindigkeit ist, um so größer ist die Menge des auf der Oberfläche ausgeschiedenen Mooskupfers. Die Konsequenz für die Anodenherstel-
lung ist, die Charge leicht zu überblasen, eine Maßnahme, die auch für
einen geringen Eisenvorlauf wichtig ist, und die Anoden rasch abzukühlen.

Da gegenüber chemisch reinem Cu_2S mit Abweichungen zu rechnen war, sind
von dem eingesetzten Spurstein mehrere Differentialthermoanalysen vorgenommen worden. Als Vergleichsmaterial wurde Al_2O_3, als Schutzgas Argon
eingesetzt. Die Aufheiz- und die Abkühlgeschwindigkeit war 10 °/min. Die
Temperaturdifferenz wurde direkt gegen die Temperatur der Vergleichs-
probe aufgezeichnet.
In Tabelle 1 sind die Ergebnisse zusammengestellt.

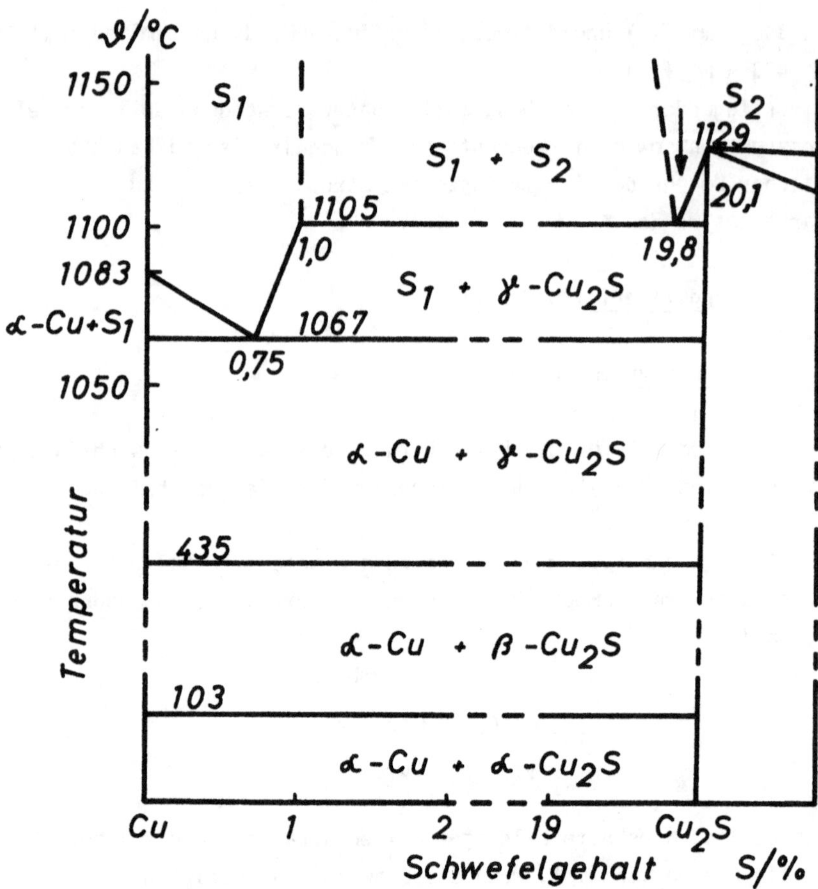

Bild 1: Zustandschaubild $Cu\text{-}Cu_2S$

Tabelle 1: Ergebnisse der Differentialthermoanalyse von Spurstein

	"Soll"-Temp. °C	Vorgang	Ist-Temperatur in °C	
			b.fallend.Temp.	b.steig.Temp.
1.	1105	Monotekt. Erstarrung	1072 ± 15	1113 ± 7
2.	1067	Eutektische Erstarrung	1006 ± 27	1071 ± 17
3.	435	Umwandlung kfz $\rightleftharpoons$ hex	412 ± 27	483 ± 10
4.	103	Umwandlung hex $\rightleftharpoons$ rhomb.	112 ± 11	117 ± 4

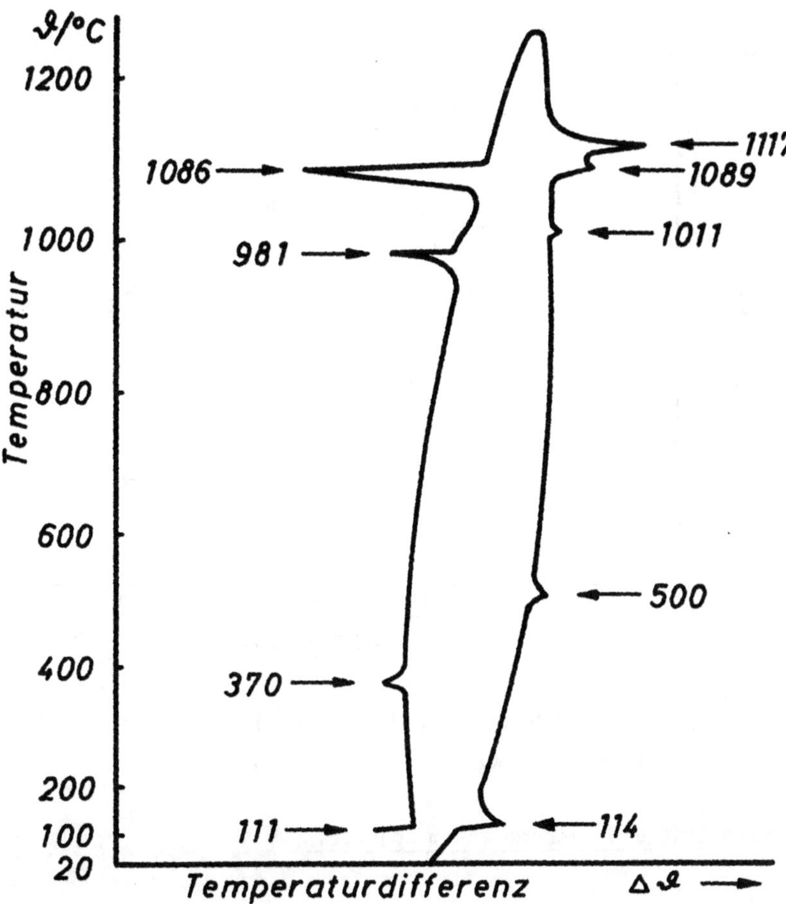

Bild 2: Typischer Kurvenverlauf einer DTA von Spurstein

Bei allen Phasenumwandlungspunkten zeigte sich eine Hysterese. Mit Ausnahme der α-β-Umwandlung lagen alle Werte bei fallender Temperatur niedriger und bei steigender Temperatur höher als die von Kellogg (18) angegebenen Werte. Bild 2 zeigt einen typischen Kurvenverlauf.

Um eine Vorstellung von den Volumenänderungen beim Abkühlen zu bekommen, wurden Spursteinproben im Dilatometer untersucht. Für beide Gitterumwandlungen ergab sich eine Längenänderung von 0,1 %, die beim Abkühlen für die γ-β-Umwandlung in einer Vergrößerung und für die β-α-Umwandlung in einer Verkürzung bestand. Als Längenausdehnungskoeffizienten wurden ermittelt für:

α-Cu_2S: $11 \cdot 10^{-6} K^{-1}$; β-Cu_2S: $22 \cdot 10^{-6} K^{-1}$; γ-Cu_2S: $17 \cdot 10^{-6} K^{-1}$

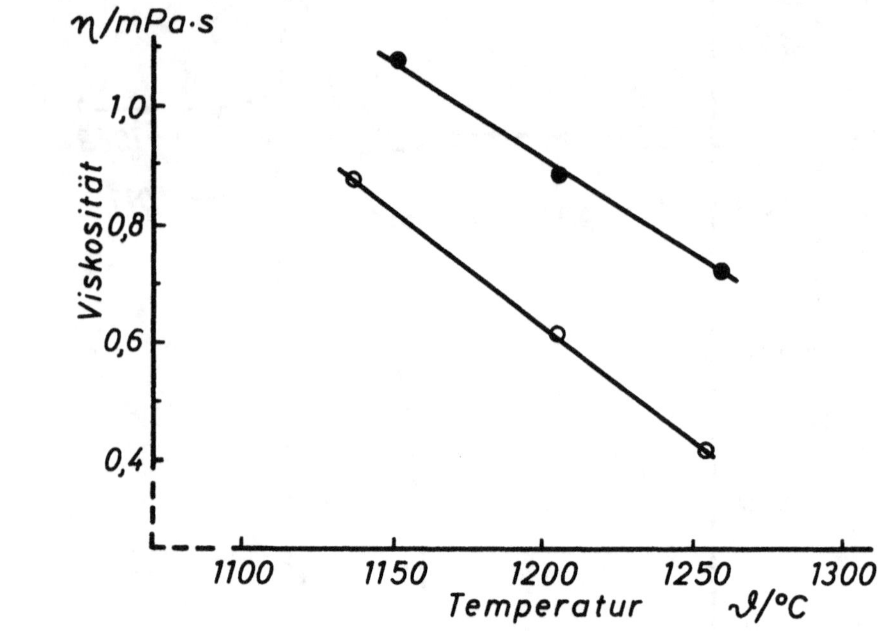

Bild 3: Viskosität in Abhängigkeit der Temperatur
o Spurstein • Kupferstein, 40 % Cu

2.2. Viskosität von geschmolzenem Spurstein

Die Gießeigenschaften von Spurstein werden sehr wesentlich durch seine
Viskosität im geschmolzenen Zustand bestimmt. Da zuverlässige Angaben
hierüber in der Literatur fehlen, wurde sie in Abhängigkeit von der
Temperatur mit einem Rotationsviskosimeter, das mit Glycerin-Wasser-
Mischungen geeicht wurde, bestimmt.

Bild 3 zeigt die Ergebnisse. Zum Vergleich sind die ebenfalls gemessenen
Werte eines Kupfersteines mit 40 % Kupfer eingetragen. Es ist zu erkennen, daß bei gleicher Temperatur die Viskosität des Spursteines kleiner
als die des Kupfersteines ist, beide liegen aber deutlich unter denen
von Kupfer. Aus den gemessenen Werten wurden die Aktivierungsenergien
des viskosen Fließens berechnet. Für Spurstein ergab sich 52,5 kJ/mol,
ein Wert, der rund dreimal so groß wie der bei Kupfer ist.

2.3. Mechanische Eigenschaften von Spurstein

Die mechanischen Eigenschaften von Spurstein bestimmen wesentlich die
Bruchfestigkeit der daraus gegossenen Anoden. Angaben hierzu fehlen in
der Literatur. Daher wurden Schlagbiegefestigkeit, Elastizitätsmodul
(über Durchbiegung) und Bruchbiegespannung bestimmt. Diese Eigenschaften wurden an langsam abgekühlten, abgeschreckten und getemperten Proben ermittelt; ein signifikanter Unterschied ergab sich nicht. Allerdings zeigten alle Werte eine große Streuung, wahrscheinlich hervorgerufen durch unterschiedliche Größe und Verteilung von Kupfereinschlüssen
und Lunker. Als Mittelwerte ergaben sich:

Schlagbiegefestigkeit	0,15	J/cm^2
Elastizitätsmodul	40	kN/mm^2
Bruchbiegespannung	20	N/mm^2

Die Schlagbiegefestigkeit ist vergleichbar mit der von Polystyrol und
Phenol-Formaldehyd-Preßmassen, während die Bruchbiegefestigkeit nur
etwa halb so groß wie bei diesen Kunststoffen ist. Aufgrund der erhaltenen Werte läßt sich jedoch erwarten, daß sich haltbare, transport-
und stapelfähige Anoden herstellen lassen.

2.4. Anodenherstellung

Um das Problem der Edelmetallverteilung besser verfolgen zu können,
wurde für die Untersuchungen ein Spurstein mit ausgesprochen hohem
Edelmetallgehalt ausgewählt. Er hatte folgende Zusammensetzung
(Angaben in %):

Cu	Edelm.	Ni	Fe	Pb	Bi	As	Sb	Sn	Se+Te	S
76,9	0,297	0,24	0,3	1,2	0,014	0,29	0,3	0,01	0,038	19,1

Das Ausgangsmaterial enthielt Kupferausscheidungen als Mooskupfer und
in Tropfenform.

Der Spurstein wurde bei 1.300 °C im Tongrafittiegel eingeschmolzen und
zu Anoden folgender Abmessung gegossen: 130 x 60 x 10 mm³. Für die
Stromzuführung und Aufhängung wurde ein Flachkupfer 60 x 40 x 4 mm³
eingegossen. Im Gegensatz zu der sonst üblichen Behandlungsweise wurde
die Anode nach Erstarren der Oberfläche in Wasser auf Raumtemperatur
abgeschreckt. Bei 70 Anodengüssen fielen lediglich 6 Bruchanoden an.

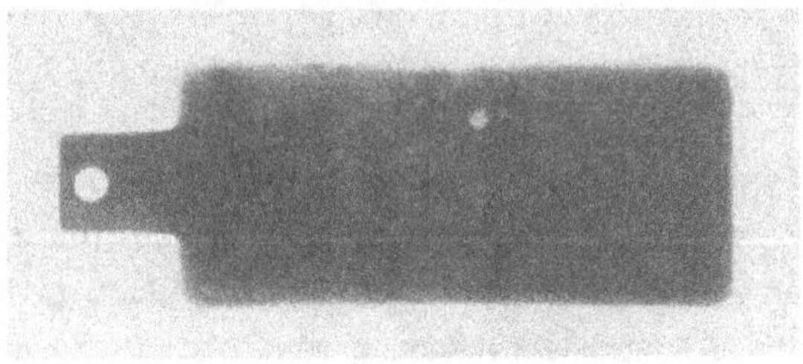

Bild 4: Röntgenaufnahme einer Anode

Auf der in Bild 4 wiedergegebenen Röntgenaufnahme einer Anode sind außer dem zur Stromzuführung eingegossenen Kupfer deutlich tropfenförmige Kupferausscheidungen zu erkennen. Die auch vorhandenen haarförmigen Kupferausscheidungen sind dagegen nicht zu erkennen.
Die Gußunterseite der Anode wies einen mehr oder weniger stark ausgeprägten Pelz von Haarkupfer auf, während ein solcher auf der Gußoberfläche in wesentlich geringerem Maße auftrat.

3. Durchführung und Ergebnisse der Elektrolyse

3.1. Versuchsaufbau

Bild 5 zeigt in schematischer Darstellung den Aufbau der Versuchselektrolyse.
Als Elektrolysebadgefäß wurde ein 3-1-Becherglas verwendet. Um möglichst eindeutige Verhältnisse hinsichtlich Stromdichte zu erhalten, wurde in das Bad nur je 1 Anode und Katode gehängt mit einem Abstand von 35 mm.
Nach einer Reihe von Vorversuchen erwiesen sich für die Katoden Unterlagen aus Polyester mit kaschiertem Kupfer als sehr gut geeignet: Einerseits ein Maximum an Formstabilität andererseits ein Minimum von Kupferfolie, die in die spätere Katode mit eingebaut wurde. Möglicherweise anhaftende Reste von Polyester verbrannten während des Umschmelzens zu Formgußstücken. Ein Nachteil bestand in der nicht zu vermeidenden Wasserlinienkorrosion. Geringe Schwankungen des Elektrolytspiegels bewirken eine Oxydation des Unterlagenkupfers, das dann vom Elektrolyten gelöst wurde. Bei Versuchen mit niedriger Stromdichte war es in einigen Fällen erforderlich, ein Katodenwechsel vorzunehmen. Die äußeren Abmessungen der Unterlage waren 120 x 80 mm².

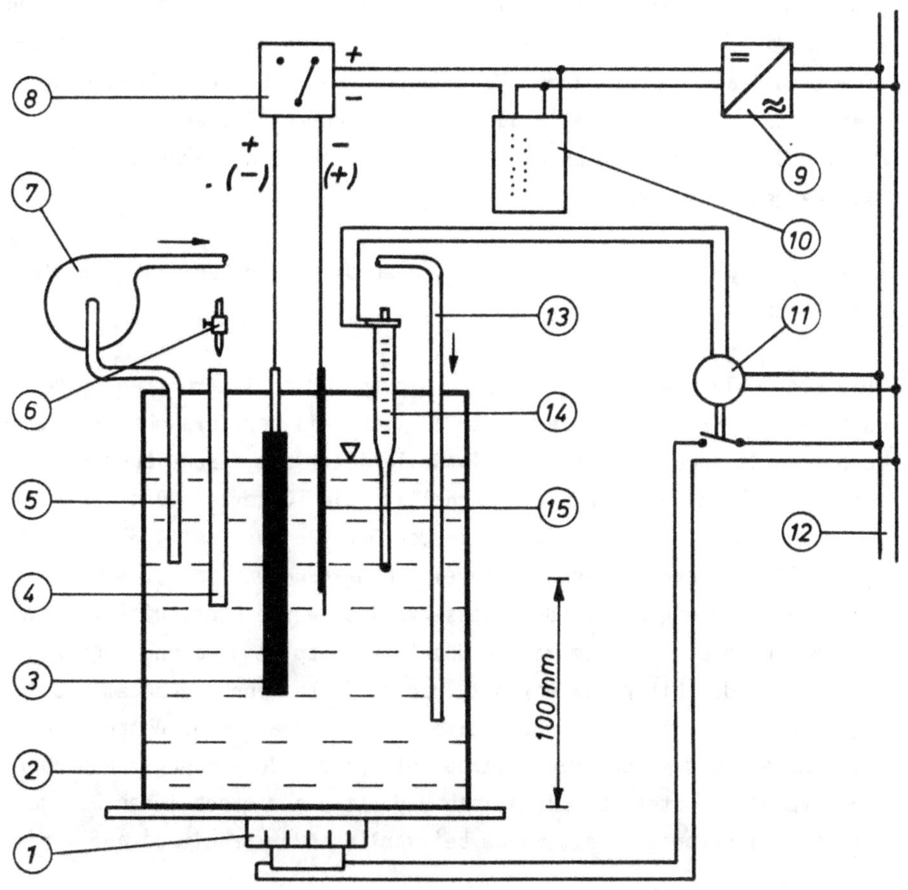

Bild 5: Aufbau der Versuchselektrolyse

1	Heizplatte	9	Gleichrichter und Konstantstromgerät
2	Elektrolysebad	10	Spannungs-und-Stromstärkeschreiber
3	Anode	11	Regler für Heizplatte
4	Rohr für Wasserzuführung	12	220 V-Netz
5	Saugleitung zur Umwälzpumpe	13	Druckleitung von Umwälzpumpe
6	Wasser-Tropf-Regulierung	14	Kontaktthermometer
7	Umwälzpumpe	15	Katode
8	Umpoler		

Um das Wachsen von Randwülsten hintanzuhalten, wurde unten und an den
Seiten der Unterlage auf einer Breite von 12 mm die Kupferauflage abgefräst. Die aktive Unterlagenfläche betrug somit unter Berücksichtigung
der Eintauchtiefen nur etwa 50 % der zugewandten Anodenfläche. Dadurch
sollte die Stromdichte an der Anode entsprechend geringer als die an der
Katode gehalten werden.

Für die Vorwärts-Rückwärtselektrolyse wurde ein mechanischer Umpoler
eingesetzt.

Die Elektrolytbewegung wurde durch Umpumpen des Elektrolyten im ge-
schlossenen Kreislauf erzeugt. Im zweiten Teil der Versuchsserie wurde
dabei in die Druckleitung ein Glaswollefilter zur Abscheidung von mit-
angesaugtem Anodenschlamm eingeschaltet. Die Förderleistung der Pumpe
wurde durch eine Schlauchklemme in der Druckleitung auf 0,67 l/min eingestellt. Das ergibt rechnerisch eine Baderneuerung in 4,5 min. Der
durch Verdampfung entstandene Wasserverlust wurde kontinuierlich durch
Zugabe von destilliertem Wasser über eine Tropfregulierung ergänzt.
Soweit aus der Literatur bekannt, haben bis auf Venkatachalem und
Mollikurjunan (8) alle Vorbearbeiter mit Diaphragma zur Abtrennung
von Anoden- und Katodenraum gearbeitet. Da die Verwendung von Diaphragmen
im Großbetrieb stets problematisch und mit einer erheblichen Steigerung
der Kosten verbunden ist, wurde bei vorliegender Arbeit darauf verzichtet.

3.2. <u>Elektrolytzusammensetzung</u>

Für jeden Versuch wurde der Elektrolyt neu angesetzt mit destilliertem
Wasser und folgenden Konzentrationen:

Cu	40 g/l	Thioharnstoff	80 mg/l
H_2SO_4	160 g/l	Leim	80 mg/l

Kupfer- und Schwefelsäuregehalt entsprechen den in großtechnischen Anlagen üblichen Werten, während der Zusatz von Thioharnstoff und Leim bezogen auf die abzuscheidende Kupfermasse der vierfachen Menge des Üblichen
entspricht. Dafür waren folgende Überlegungen maßgebend: Der Einbau von
Kupferatomen in das Gitter wird mit zunehmender Stromdichte immer schwie-
riger, so daß im Extremfall nur noch Kupferpulver entsteht.

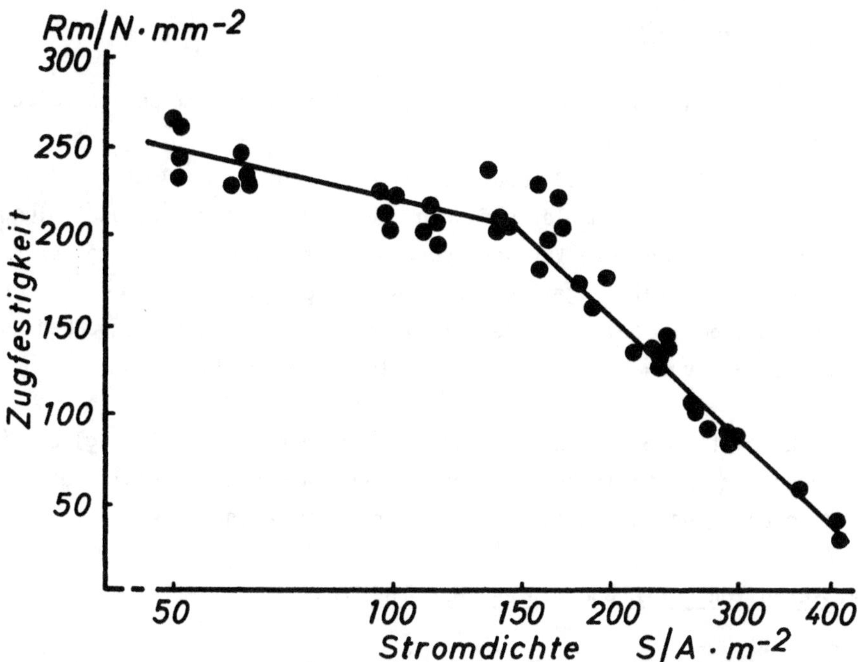

Bild 6: Zugfestigkeit von Katodenstreifen in Abhängigkeit von der Stromdichte

In einer Reihe von Vorversuchen ohne Inhibitoren wurden bei verschiedenen Stromdichten Kupferkatodenstreifen hergestellt, deren Zugfestigkeit geprüft wurde. Bild 6 zeigt die Zugfestigkeit als Funktion der Stromdichte. Durch die logarithmische Teilung der Abzisse ist in der Darstellung gut zu erkennen, daß bereits bei einer mäßigen Stromdichte von 150 A/m² die Festigkeit abknickt und bei 400 A/m² nur noch 1/10 der Anfangsfestigkeit beträgt: Die Niederschläge werden bröckelig. Für die Hauptversuche war deshalb der Zusatz von Inhibitoren unerläßlich (die Vorbearbeiter haben keine Inhibitorzusätze gegeben). Ihre Menge wurde dabei auf die größte geplante Stromdichte abgestellt, um diesen Wert bei allen Versuchen konstant halten zu können.
Auf eine Zugabe von Salzsäure, wie in manchen technischen Elektrolysen üblich, wurde verzichtet, ebenso auf einen Zusatz von Salpetersäure, mit dem Kuxmann und Biallaß (7) gearbeitet haben.
Die Leitfähigkeit des Elektrolyten bei 60 °C war 730 mS/cm, der Temperaturkoeffizient 1,2 %/°C.

3.3. <u>Versuchsdurchführung</u>

Die Hauptversuche wurden mit konstantem Elektrolysestrom bei katodischen
Anfangsstromdichten von

400 500 700 800 900 1.000 und 1.100 A/m²

jeweils mit und ohne Umpoler gefahren. Für jede Stromdichte und Polungs-
art wurden dabei mehrere Versuche durchgeführt. Die Reihenfolge der Versuche wurde nach Zufallsgesichtspunkten festgelegt.
Der Rhythmus des Umpolens wurde bei allen diesbezüglichen Versuchen konstant mit 19 s vorwärts und 1 s rückwärts eingestellt.

Die Elektrolyttemperatur war bei allen Versuchen 60 $\pm$ 1 °C. Täglich einmal wurden im Elektrolyten der Kupfer- und Schwefelsäuregehalt bestimmt.
Die Katoden wurden bei jedem Versuch einmal zwischengewogen.

3.4. <u>Verhalten der Anode während der Elektrolyse</u>

Den in der Anode vorhandenen Kupferausscheidungen wird von den Ver-
fassern eine gewisse Starterfunktion zugeschrieben: Zu Beginn des
Elektrolysevorganges wird anodisch zunächst nur der metallische Kupfer-
anteil gelöst. Dadurch entstehen in der Anode Poren, die für die nach-
folgende Auflösung des Kupfer(I)-sulfids günstige Voraussetzungen schaf-
fen. Gestützt wird diese Auffassung durch die Ergebnisse von Vorversuchen, bei denen mit einer konstanten Spannung von 0,5 V elektrolysiert
wurde. Bild 7 zeigt deutlich die durch Herauslösen von Kupfer in der
Anode entstandenen Löcher.
Der beim Auflösen des Spursteins sich bildende Anodenschlamm bildet
schieferartige, zusammenhängende Schichten mit zunächst nur geringer
Volumenvergrößerung. Bild 8 zeigt diesen Zustand nach der Hälfte der
üblichen Laufzeit. Gut erkennbar ist außerdem, daß beide Seiten der
Anode (auch die der Katode abgewandte) im gleichen Umfang aufgelöst werden. Eine starke Volumenvergrößerung, ein "Aufblähen" wie es Bild 9
zeigt, tritt erst dann ein, wenn die Anode zu mehr als 80 % ihres Ein-
satzgewichtes aufgezehrt ist. Der daraus resultierende Resteanfall von
20 % läßt sich durch günstigere Formgebung der Anode in einer großtechnischen Anlage sicher auf den bei der Raffinationselektrolyse üblichen
Wert von 15 % senken.

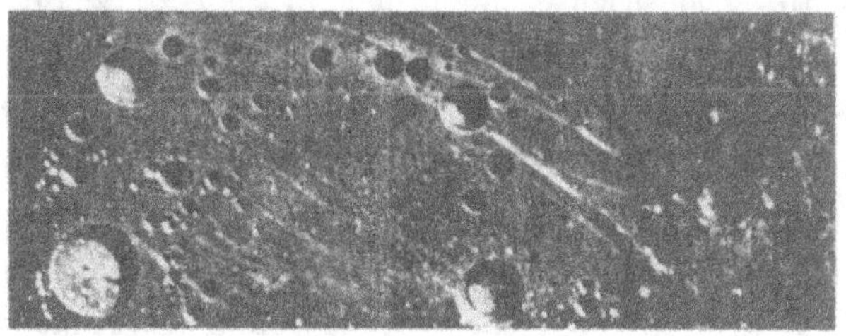

Bild 7: Teil einer Spursteinanode mit 0,5 V elektrolysiert
1,5 x der natürlichen Größe

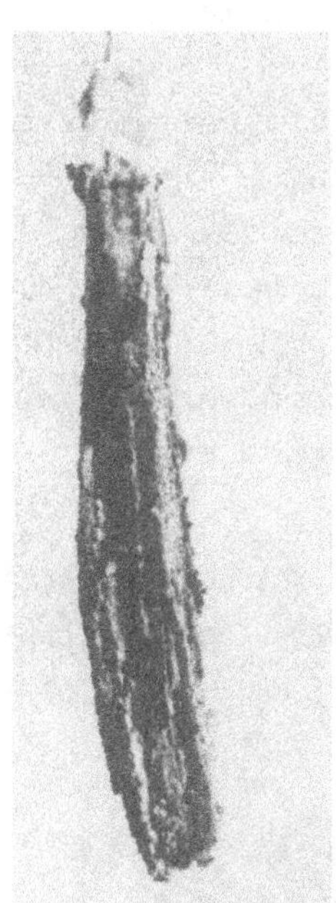

Bild 8: Spursteinanode mit Schlamm,
nach der Hälfte der Lauf-
zeit. Seitenansicht 0,7 x
der natürlichen Größe

Bild 9: Spursteinanode mit Schlamm,
sehr weit abgearbeitet.
0,7 x der natürlichen
Größe

Solange sich die Anode noch nicht in dem in Bild 9 gezeigten Zustand
befand, war die Menge des herabfallenden Schlammes kleiner als 1 %. Aufgrund der nicht optimalen Strömungsverhältnisse im Bad - besonders nach-
teilig wirkte sich die unterhalb des Gefäßes angeordnete Heizung aus -
setzte sich dieser Schlamm nur unvollkommen ab. Er konnte auch durch das
im Elektrolytkreislauf eingebaute Filter nicht restlos zurückgehalten
werden. Bei den in großtechnischen Anlagen üblichen Badkonstruktionen
wird diese Schwierigkeit vermutlich nicht auftreten.

3.5. Verhalten der Katode bei der Elektrolyse

Obwohl die Ränder der Unterlage abgefräst waren, bildeten sich - wie
aus Bild 10 zu erkennen ist - erhebliche, knospenartige Randwülste. Dadurch vergrößerte sich die Katodenfläche erheblich. Um ein Maß dafür zu
erhalten, wurden die Umrisse der Katoden abgezeichnet, die Flächen aus-
planimetriert und mit diesen Werten "Endstromdichten" berechnet, die
allerdings nicht die Vergrößerung der aktiven Katodenoberfläche durch
Oberflächenrauhigkeit und Knospenbildung berücksichtigt. Die so berech-
nete Endstromdichte in Abhängigkeit von der Anfangsstromdichte zeigt
Bild 11. Eine Korrelationsrechnung mit linearem Ansatz ergab:

$$S_E = 0,46 \ S_A + 50 \pm 60 \qquad B = 76 \ \%$$

Daraus folgt, daß sich bei allen Stromdichten die Katodenoberflächen
durch Bildung von Randwülsten auf etwa das Doppelte vergrößert haben.
Im übrigen waren alle Katodenniederschläge kompakt und hart. Knospen,
abgesehen von denen in den Randzonen, traten kaum auf.

Bild 10: Katodenniederschlag bei 1.100 A/m²

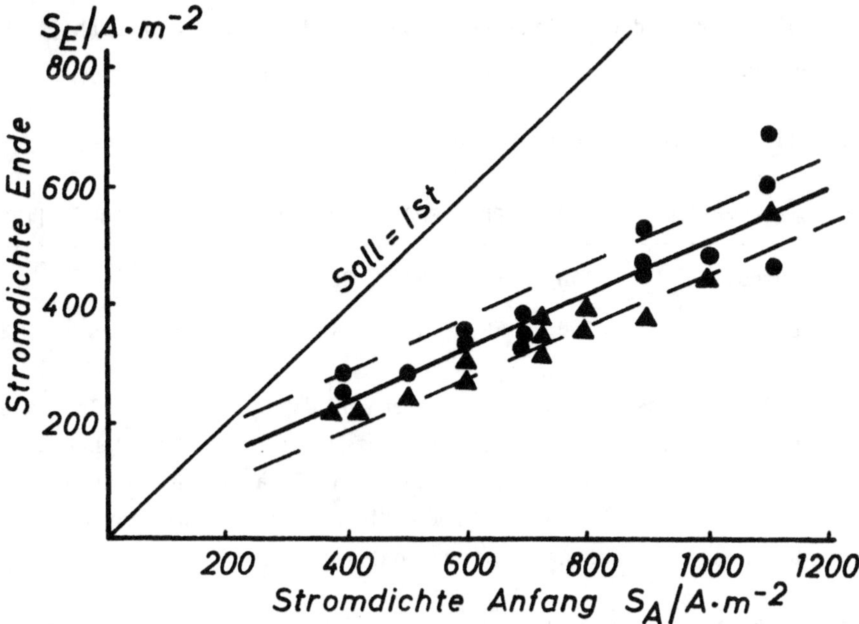

Bild 11: Änderung der Stromdichten im Verlauf der Elektrolyse

● ohne Umkehrstrom   ▲ mit Umkehrstrom

3.6. Versuchsergebnisse

Spannungsverlauf

Entsprechend den Ergebnissen von Kuxmann und Biallaß (7) sowie von Laig-Hörstebrock (10) konnten im Verlauf der Elektrolyse hinsichtlich Bad-spannung zwei Abschnitte unterschieden werden: Im ersten Abschnitt ver-hältnismäßig geringe Spannung, im zweiten Abschnitt wesentlich höhere Spannung. Im Falle einer fast vollständigen Aufzehrung der Anode trat am Ende noch eine starke Spannungserhöhung auf, die aber im folgenden nicht berücksichtigt wird, da diese Arbeitsweise nicht dem geplanten Versuchs-programm entspricht und auch bei einer Elektrolyse im technischen Maß-stab nicht gewählt würde, da die Gefahr der Verunreinigung des Katoden-kupfers durch abfallenden Schlamm zu groß wäre.
Diese starke Spannungserhöhung wird hervorgerufen durch die große Minderung der wirksamen Anodenoberfläche.

In Tabelle 2 sind die Mittelwerte der Zeitdauer des 1. Abschnitts
zusammengestellt.

Tabelle 2: Zeitdauer des ersten Abschnitts in Stunden

Stromdichte/Am^{-2}	400	500	600	700	800	900	1000	1100
ohne Umpoler	140	57	42	35	24	15	11	9
mit Umpoler	150	69	39	34	30	39	20	12

Aus der Zusammenstellung ist zu erkennen, daß hinsichtlich Zeitdauer
des ersten Abschnittes kein signifikanter Unterschied zwischen den
Arbeiten mit und ohne Umpoler besteht. Die Abnahme der Zeitdauer mit
steigender Stromdichte erfolgt, wie sich aus einer Korrelationsrechnung
ergab, nach einer Exponentialfunktion.

Die Abhängigkeit der Badspannung von der Stromdichte kann - wie aus
Bild 12 zu erkennen ist - als linear angenommen werden. Während im
2. Abschnitt ein Unterschied zwischen den Arbeiten mit und ohne Umpoler
nicht vorhanden ist, ist im 1. Abschnitt das Ansteigen der Spannung mit
wachsender Stromdichte wesentlich geringer beim Umpolen als bei den
Versuchen ohne Umpolen.

Elektrolytzusammensetzung

Während sich die Zusammensetzung des Elektrolyten innerhalb des 1. Abschnittes praktisch nicht ändert, sinkt im zweiten Abschnitt der Kupfer-
gehalt, und es steigt die Konzentration der Wasserstoffionen. Begleitet
wird diese Konzentrationsänderung von einer Gasentwicklung an der Anode.
Diese Erscheinung kann erklärt werden durch eine aufgrund der Potential-
verschiebung im zweiten Abschnitt auftretende Entladung von OH-Ionen an
der Anode gemäß

$$2\ OH^- - 4\ e = O_2 + 4\ H^+$$

und eine mengenmäßig größere Entladung von Kupferionen an der Katode
als an der Anode solche gebildet werden. Die Höhe der Kupferverarmung
ist abhängig von der Menge des Elektrolyten, der aufgewendeten Strommenge und der Stromdichte, nicht dagegen davon, ob mit Umpoler gearbeitet
wurde oder nicht.

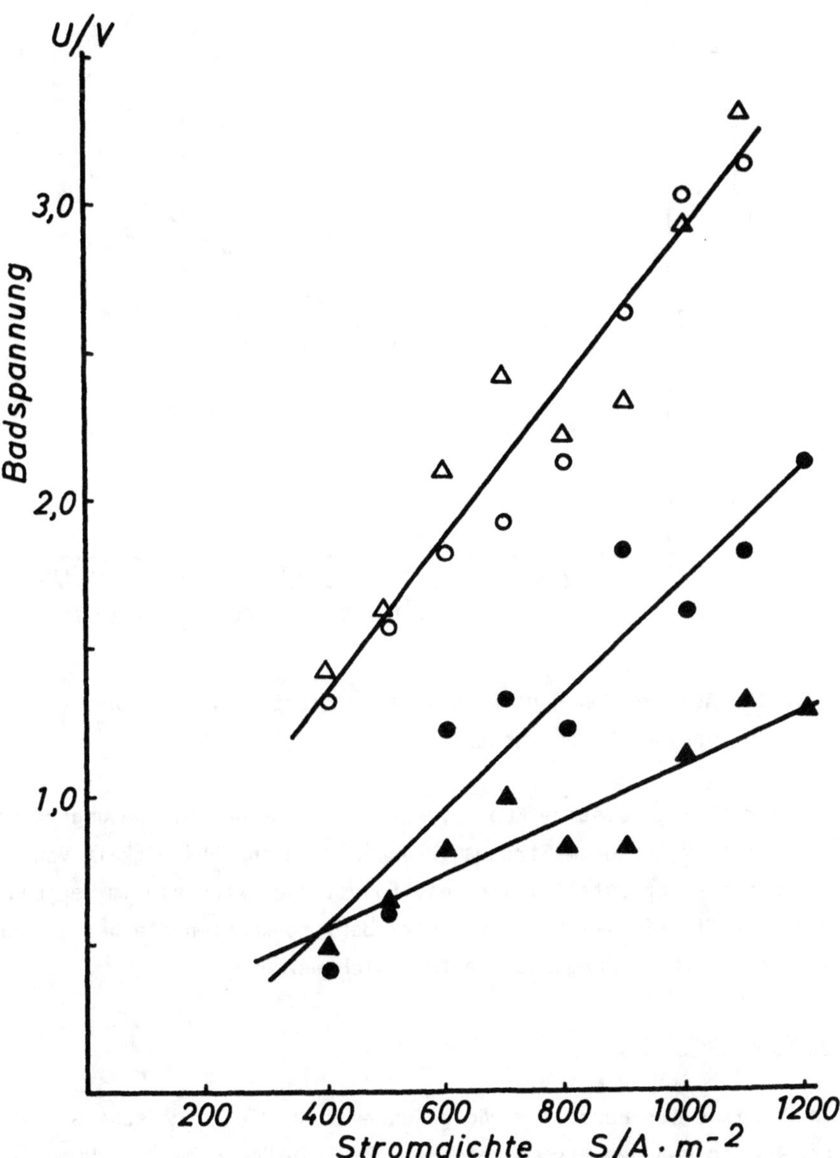

Bild 12: Badspannung in Abhängigkeit von der Stromdichte

● 1. Periode ohne Umpoler   o 2. Periode ohne Umpoler

▲ 1. Periode mit Umpoler   △ 2. Periode mit Umpoler

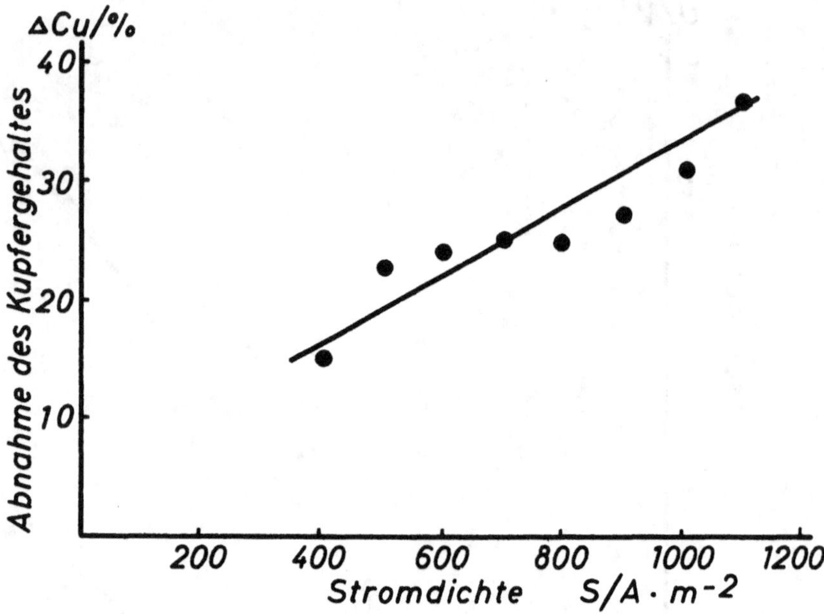

<u>Bild 13:</u> Abnahme des Kupfergehaltes im Elektrolyten in Abhängigkeit
von der Stromdichte

In Bild 13 ist relative Kupferverarmung des Elektrolyten umgerechnet
auf eine aufgewendete Strommenge von 200 Ah in Abhängigkeit von der
Stromdichte dargestellt. Wird die Spursteinelektrolyse im Verbund mit
einer Raffinationselektrolyse betrieben, so könnten die bei dieser not-
wendigen Entkupferungsbäder entbehrlich werden.

<u>Stromausbeute</u>

Im untersuchten Bereich wurde gefunden, daß die katodische Stromausbeute
unabhängig von der Stromdichte ist. Für die Versuche ohne Umpoler ergab
sich ein Mittelwert von 98,0 %, für die mit Umpoler ein solcher von
88,5 %. Der Unterschied zwischen beiden Werten erklärt sich allein aus
der Tatsache, daß während des Umpolens eine äquivalente Menge Kupfer von
der Katode abgelöst wird, denn eine Berücksichtigung dieser Kupfermenge
führt zu einer fiktiven Stromausbeute von 98,3 %, ein Wert, der nur zu-
fällig von 98,0 % verschieden ist.

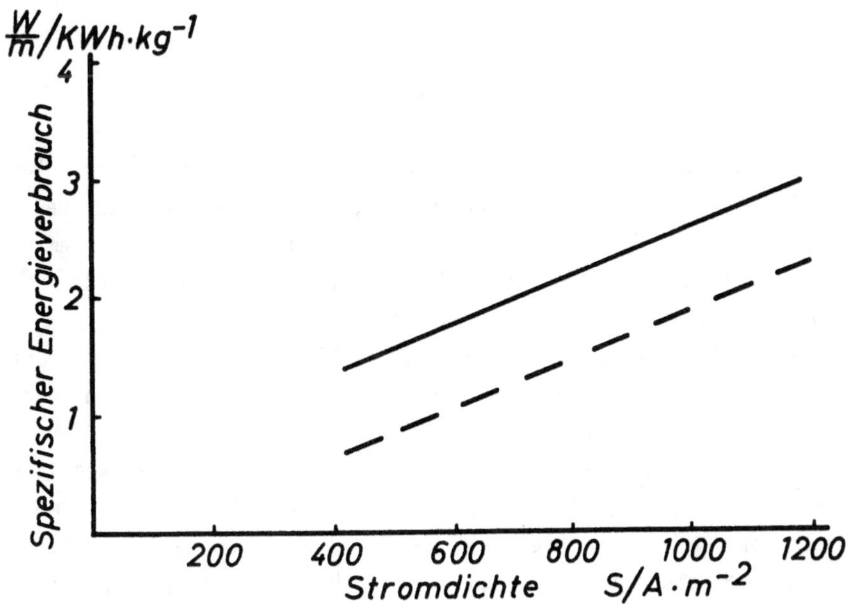

Bild 14: Spezifischer Energieverbrauch in Abhängigkeit von der Stromdichte

——— Gesamtversuchsdauer   ----- 1. Abschnitt

Energieverbrauch

Hinsichtlich Energieverbrauch ergaben sich keine signifikanten Unterschiede zwischen den Versuchen mit und ohne Umpoler. Sowohl für den
1. Abschnitt als auch für die Gesamtversuchsdauer kann der Zusammen-
hang zwischen spezifischem Energieverbrauch und Stromdichte durch eine
lineare Funktion wiedergegeben werden. In Bild 14 sind die entsprechen-
den Ausgleichsgeraden dargestellt. Beide Geraden verlaufen parallel,
da der Regressionskoeffizient und damit der Einfluß der Stromdichte
auf den spezifischen Energieverbrauch gleich groß ist. Auch die Rest-
streuung ist in beiden Fällen gleich groß. Ihr relativ hoher Wert von
0,64 kWh/kg zeigt, daß der spezifische Energieverbrauch auch durch ande-
re Einflußgrößen wesentlich beeinflußt wird, z. B. durch die Höhe der
Übergangswiderstände zwischen dem in die Anode eingegossenen Flachkupfer und dem Spurstein.

4. Katodenkupfer

4.1. Verarbeitung des Katodenkupfers

Der sorgfältig gewaschene Katodenniederschlag wurde von der Unterlage
abgetrennt und im Tongrafittiegel unter Holzkohlenabdeckung bei 1250 °C
in einem elektrischen Widerstandsofen eingeschmolzen. Nach dem Polen mit
Buchenholzstäben wurden in Grafitkokillen rechteckige Blöcke mit einem
Querschnitt von 20 mm x 30 mm gegossen.
Diese Gießblöcke wurden bei 950 °C bis 600 °C über die 30 mm-Kante bis
auf 6 mm heruntergewalzt und der Walzzunder durch Beizen in verdünnter
Schwefelsäure entfernt.
Es schloß sich ein Kaltwalzen bis auf 4,5 mm und ein beidseitiges Ab-
fräsen der Walzhaut an, so daß die Materialstärke danach 3,0 mm betrug.
An diesem Material wurden Leitfähigkeitsmessungen sowie Dichtebestim-
mungen vorgenommen und Proben für die chemische Analyse abgetrennt.
Anschließend wurden Streifen von 3 mm x 3 mm Querschnitt geschnitten
und diese mit einer Kaliberwalze auf 3 mm Durchmesser gewalzt. Beim
nachfolgenden Ziehen auf 1 mm Durchmesser wurden Zwischenglühungen bei
2,0 mm und 1,6 mm Durchmesser vorgenommen. Jeweils die Hälfte des so
erhaltenen Drahtes wurde bei 700 °C rekristallisierend geglüht und
beide Sorten zur Bestimmung mechanischer Eigenschaften und der Leitfähigkeit verwendet.
Um einen Überblick über den möglichen Einfluß dieses Verarbeitungs-
ganges auf die Kupferqualität zu bekommen, wurden als "Standard" zwei
Kupfersorten aus industrieller Fertigung ebenso behandelt: ETP_{sg}
(electronic tough pitch copper, sehr gut) und ETP_m (electronic tough
pitch copper, mittlere Qualität) und die Eigenschaften dieser Proben
bestimmt.

4.2. Chemische Zusammensetzung des Katodenkupfers

Hinsichtlich chemischer Zusammensetzung des Katodenkupfers ergaben sich
keine Unterschiede zwischen den Versuchen mit und ohne Umpoler und keine
Abhängigkeit von der Stromdichte, die Einzelwerte folgen nicht einer
Normalverteilung. Daher werden in Tabelle 3 angegeben: Häufigster Wert
(Modul), kleinster Wert und größter Wert. Neben den Werten für ETP-
Kupfer werden zum Vergleich auch die von Opie (20) angegeben.

Tabelle 3: Zusammenstellung der Analysenergebnisse
Angaben in ppm

	Katodenkupfer			Opie			ETP_{sg}	ETP_m
	Modul	kleinster Wert	größter Wert	Modul	kleinster Wert	größter Wert		
As	1	1	5	2	1	6	1	4
Sb	1	1	13	1	1	11	1	5
Pb	9	1	51	1	1	22	2	6
Ni	5	5	10	8	4	30	5	17
Fe	6	5	10	13	4	30	6	1
Bi	1	1	4	1	1	1	1	1
Sn	1	1	1	1	1	4	1	1
Zn	3	3	3	keine Angaben			3	1
Ag	36	10	90	20	6	45	9	13
S	177	50	350	11	6	17	3	8
O	70	9	180	310	180	470	270	220

Wie aus der Zusammenstellung zu ersehen ist, sind die Werte für As, Sb, Ni, Fe, Bi, Sn und Zn in Ordnung und bedürfen keiner Diskussion.

Die Sauerstoffwerte zeigen, daß das angestrebte Ziel, Sauerstoffgehalte unter denen von Wirebarkupfer zu erhalten, erreicht wurde; eine Information über die Qualität des erzeugten Katodenkupfers geben sie nicht. Die Bleigehalte liegen zu hoch. Die Ursache dafür konnte noch nicht geklärt werden. Eine Abhängigkeit zu anderen Elementen oder Einflußgrößen wurde nicht festgestellt.
Der Schwefelgehalt liegt wesentlich über der Grenze, die für Drahtbarren zulässig ist: 20 ppm. Zwar kann in einem konventiellen Wirebarofen - wie aus Bild 15 ersichtlich - der Schwefelgehalt erheblich gesenkt werden, doch ein derart hoher Gehalt wird nicht zu tolerieren sein. Auch dann nicht, wenn berücksichtigt wird, daß beim eigenen Einschmelzen im Gegensatz zur Arbeit im Wirebarofen keine Minderung des Schwefelgehaltes, sondern eine Aufstockung um ca. 15 ppm erfolgte, wie durch Blindversuche nachgewiesen wurde.

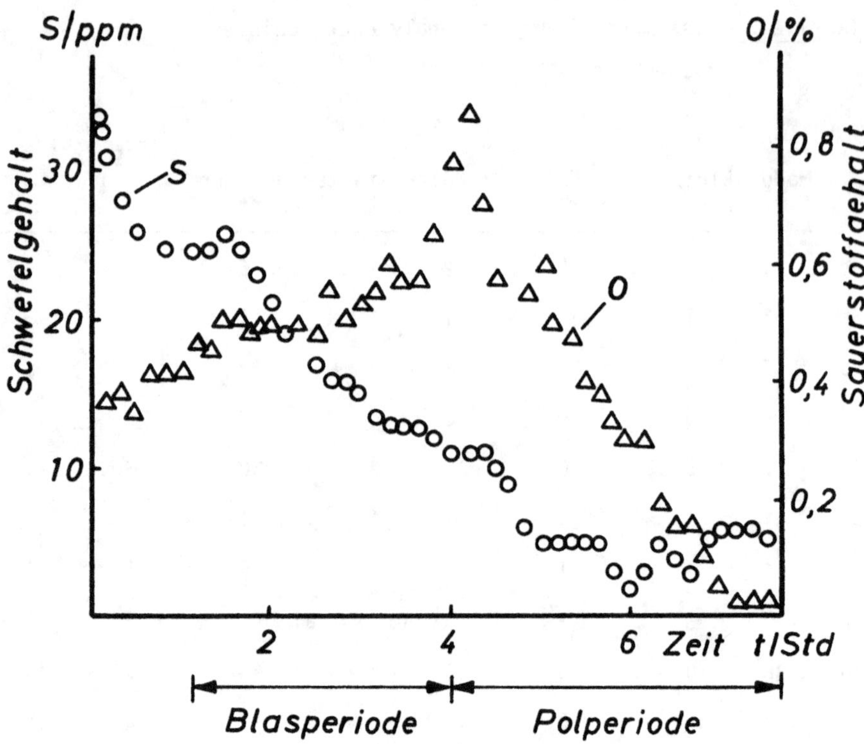

Bild 15: Änderung von Schwefel- und Sauerstoffgehalt des Kupfers beim
Schmelzen im Wirebarofen
o Schwefelgehalt   △ Sauerstoffgehalt

Der zu hohe Schwefelgehalt des Katodenkupfers wird durch angeschwemmten
E-Schlamm verursacht, wie aus der gesicherten Korrelation zwischen
Schwefel- und Silbergehalt, der ebenfalls zu hoch liegt, hervorgeht.
Bild 16 zeigt das entsprechende Regressionsband.
Der Grund für die Verunreinigung des Katodenniederschlags durch angeschwemmten E-Schlamm liegt in der im Elektrolysebad auftretenden Thermokonvektion innerhalb des Elektrolyten. Sie wird wesentlich bestimmt durch
die unterhalb des Badgefäßes angeordnete Heizung und sie wirkt dem Ab-
sinken des E-Schlammes entgegen.
In Bädern, die in der technischen Elektrolyse üblich sind, wird eine
Thermokonvektion nicht in so starkem Maße auftreten, da die Aufheizung
des Elektrolyten außerhalb der Bäder erfolgt. Daher würden sich bei Versuchen im Technikumsmaßstab niedrigere Schwefel- und Silbergehalte er-
geben.

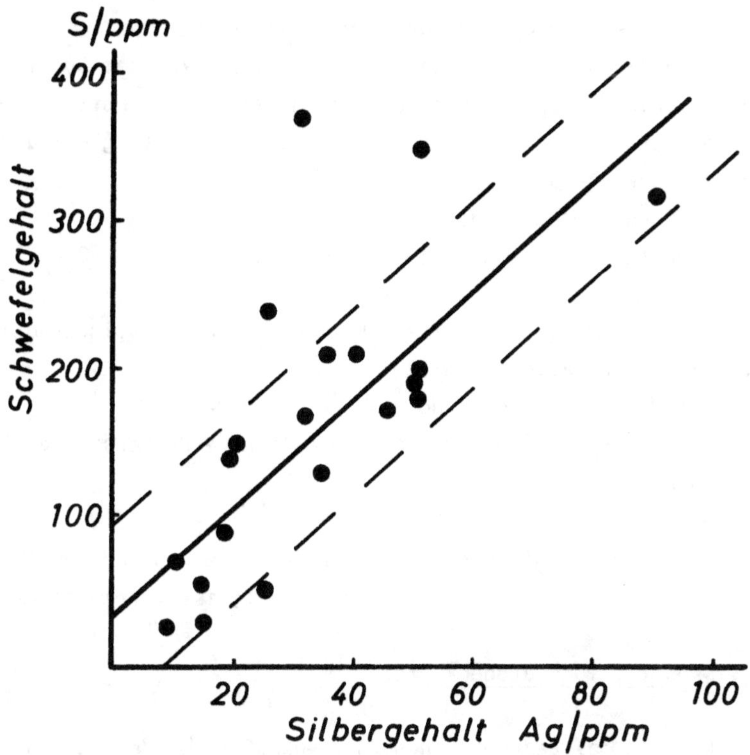

Bild 16: Schwefelgehalt des Katodenkupfers in Abhängigkeit von seinem
Silbergehalt

4.3. Oberflächenspannung von Katodenkupfer

Die Oberflächenspannung von geschmolzenem Kupfer spielt beim Gießvorgang
insofern eine Rolle, als geringe Werte zu einer starken Benetzung
zwischen Kupfer und Formmasse und damit zu Oberflächenfehlern führen.
Die Tatsache, daß bei den Versuchen Kupfersorten mit verhältnismäßig
stark wechselnder Zusammensetzung erhalten wurden, gab Anlaß, den Einfluß von Schwefel, Sauerstoff und Blei auf die Oberflächenspannung des
geschmolzenen Kupfers zu untersuchen.
Als Meßmethode wurde die recht einfache Methode der Deformation eines
liegenden Tropfens gewählt. Aus dem größten Durchmesser und seinem Abstand vom Scheitel kann nach den Tabellen von Bashforth und Adams (21)
die Oberflächenspannung berechnet werden. Die Messung setzt voraus, daß
der Tropfen rotationssymmetrisch ist und keine Benetzung zwischen
Schmelze und Unterlage stattfindet.

Die Messungen wurden durchgeführt bei einer Temperatur von 1.130 °C
± 20 °C, in Argonatmosphäre als Schutzgas und entgastem Grafit als
Unterlage. Die Verwendung von "entgastem" Grafit war notwendig, da bei
"normalem" Grafit die Tropfenausbildung zu unregelmäßig war und die
Werte zu stark streuten.
Die Auswertung der Messungen ergab:
Im untersuchten Bereich hat Blei keinen Einfluß auf die Oberflächen-
spannung.
Schwefel wirkt im Kupfer stärker oberflächenspannungsmindernd als Sauer-
stoff. Im Konzentrationsbereich

$$0 \leqslant [S] \leqslant 0,036 \% \text{ und } 0 \leqslant [0] \leqslant 0,024 \%$$

läßt sich beider Einfluß durch folgende lineare Regressionsgleichung
wiedergeben:

$$\mathbf{6}/Nm^{-1} = 1,18 - 19 \, [S] /\% - 15 \, [0] /\% \pm 0,082$$

Die Übereinstimmung mit den Ergebnissen von Baes und Kellog (22) sowie
mit denen, die von Röpenack (23) erhalten hat, ist zufriedenstellend.

4.4. <u>Viskosität von Katodenkupfer</u>

Die Viskosität des geschmolzenen Katodenkupfers wurde mit dem gleichen
Rotationsviskosimeter, das zur Messung beim Spurstein verwendet wurde,
bestimmt.
Die erhaltenen Werte sind niedriger als die, die von Röpenack (23)
erhalten hat, zeigen jedoch die gleiche Tendenz: Mit steigendem Sauerstoffgehalt nimmt die Viskosität zu.
Als "Aktivierungsenergie des viskosen Fließens" wurde ein Mittelwert von
17,7 kJ/mol erhalten.

4.5. <u>Spezifische elektrische Leitfähigkeit des Katodenkupfers</u>

Die Messungen erfolgten mit einer Thomsonbrücke an Drahtabschnitten von
1 bis 2 m Länge, 1 mm Durchmesser und einem Kaltverformungsgrad von 60 %.
Ein Einfluß der Stromdichte auf die Leitfähigkeit konnte nicht festgestellt werden, jedoch besteht ein Unterschied zwischen Material das
ohne bzw. mit Umpoler erzeugt wurde:

     ohne Umpoler: (59,2 ± 0,37) 10^4 S/cm
     mit Umpoler: (58,6 ± 0,54) 10^4 S/cm

Beide Werte erfüllen die Forderungen nach DIN und ASTM.

4.6. Mechanische Eigenschaften des Katodenkupfers

Dichte

Die Dichte des Katodenkupfers wurde an kaltgewalzten Blechstreifen von
3,0 mm Stärke bestimmt. Unabhängig von den Versuchsbedingungen ergab
sich ein Wert von 8,9 g/cm³. Dieser Wert entspricht den Forderungen
von DIN 1751 und zeigt, daß es gelungen ist, das gegossene Kupfer
"dicht" zu walzen.

Zugfestigkeit

Die Zugfestigkeit wurde an Drähten von 1 mm Durchmesser im weichgeglühten und kaltverformten Zustand (φ = 60 %) bestimmt. Für beide Kollek-
tive zeigten Korrelationsrechnungen, daß die Werte nicht beeinflußt
werden durch die Stromdichte und das Arbeiten mit oder ohne Umpoler.
Es ergaben sich folgende Werte:

$$\text{weichgeglüht:} \quad 240 \text{ bis } 260 \text{ N/mm}^2$$
$$\text{kaltverformt:} \quad 410 \text{ bis } 470 \text{ N/mm}^2$$

Beide Wertebereiche liegen über den Mindestforderungen von DIN 40500
und der Copper-Data-Sheet-Commission.

Bruchdehnung

Die Bruchdehnung wurde an weichegeglühten Drähten von 1 mm Durchmesser
und 75 mm Meßlänge ermittelt. Korrelationsrechnungen ergaben, daß die
Werte keine Abhängigkeit von Stromdichte und dem Arbeiten mit oder ohne
Umpoler zeigten. Die ermittelten Bruchdehnungen von 42 bis 55 % liegen
über den Mindestforderungen von DIN 40500 und der Copper-Data-Sheet-
Commission.

Kraft-Verlängerungs-Diagramm

Bei den Zerreißversuchen zeigte sich, daß bei weichgeglühten Drähten im
Bereich der bleibenden Verformung Schwingungen auftreten. In Bild 17 sind
zwei Diagramme für Proben mit unterschiedlichem Schwefelgehalt wiedergegeben. Die systematische Auswertung ergab - wie nach Bild 17 zu vermuten
ist - daß die Zahl der Peaks in Relation zum Schwefelgehalt des Kupfers
steht. Bild 18 gibt das entsprechende Regressionsband wieder.

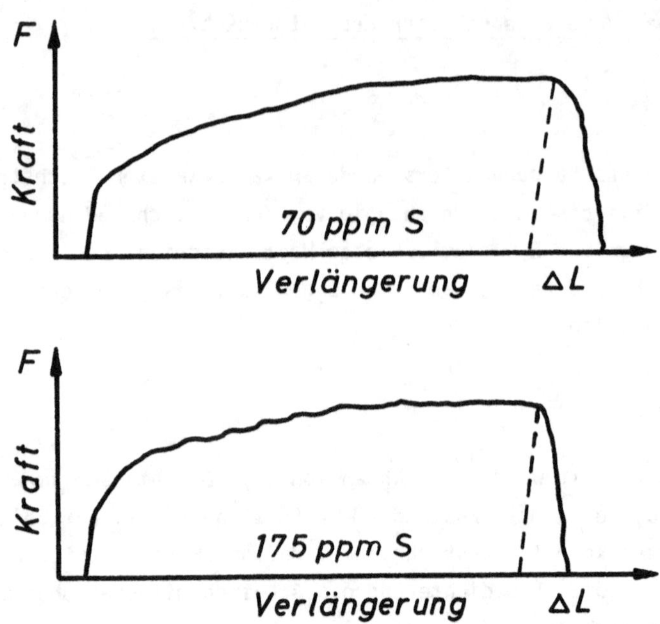

Bild 17: Kraft-Verlängerungs-Diagramm von zwei Kupferdrähten mit
verschiedenem Schwefelgehalt

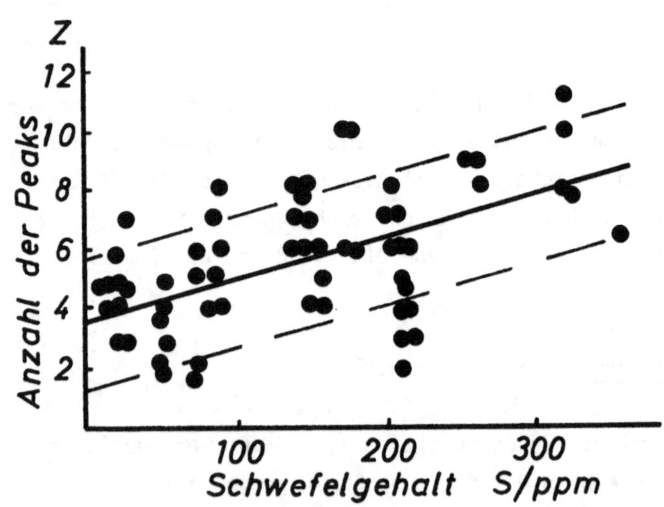

Bild 18: Anzahl der im Kraft-Verlängerungs-Diagramm auftretenden Peaks
in Abhängigkeit vom Schwefelgehalt

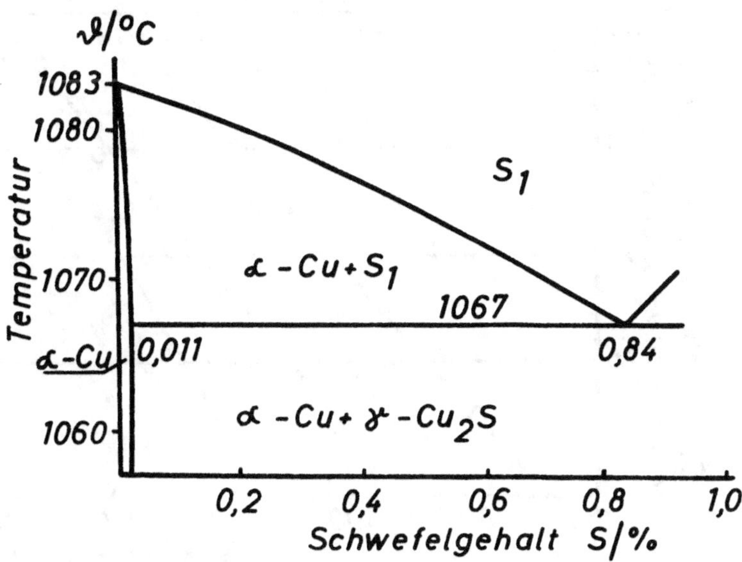

Bild 19: Kupferseite des Zustandsschaubildes Cu - Cu_2S

Die Erklärung für diese Erscheinung kann darin gesehen werden, daß
Schwefel - wie aus Bild 19 zu erkennen ist - ab Gehalten von 110 ppm
als Cu_2S auftritt, vermutlich als Korngrenzenausscheidung. Diese verur-
sachen eine Behinderung des Gleitvorganges und damit das beobachtete
"ruckweise" Abgleiten.

Verwindetest

Beim Verwindetest werden die Ergebnisse nicht nur durch die Werkstoff-
eigenschaften an sich, sondern auch in hohem Maße durch eventuell bei
der Drahtherstellung auftretende Fehler beeinflußt.
Die Versuchsbedingungen wurden in Anlehnung an DIN 51212 wie folgt festgelegt: Draht mit 1,0 mm Durchmesser und 60 % Verformungsgrad, Einspann-
länge 50 mm; Verwindegeschwindigkeit 1 Umdrehung/s.
Die Ergebnisse konnten nicht voll befriedigen, da viele Proben in der
Einspannung brachen und die Streuung der Werte relativ hoch war. Erkennbar ist jedoch der Einfluß des Schwefels: Je größer der Schwefelgehalt,
um so geringer die Zahl der Umdrehungen bis zum Bruch und um so größer
die Standardabweichung; bei Schwefelgehalten größer 90 ppm werden keine
auswertbaren Ergebnisse erhalten.

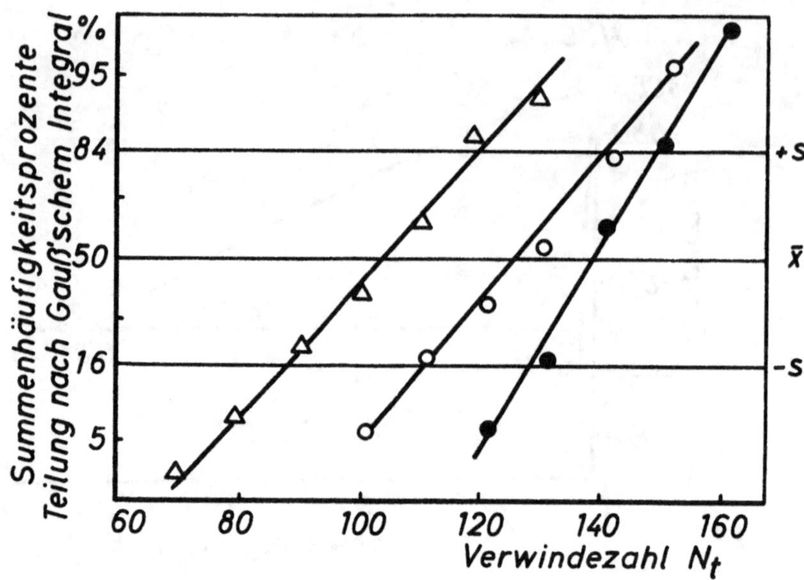

<u>Bild 20</u>: Häufigkeitsverteilung der Verwindezahlen

△ eigenes Kupfer   O ETP_m ● ETP_{sg}

Bild 20 zeigt die Häufigkeitsverteilung der Verwindezahlen für die beiden ETP-Kupfer und ein eigenes Katodenkupfer mit einem Schwefelgehalt von 81 ppm.

5. <u>Aufarbeitung des Elektrolyseschlammes</u>

Die Zusammensetzung des Elektrolyseschlammes ist unabhängig von den Versuchsparametern und anderen Einflußgrößen, z. B. Stromausbeute.
Für den Gehalt an Elementarschwefel wurden Werte zwischen 40 und 50 % gefunden.
Eine Sammelprobe von E-Schlämmen, deren Elementarschwefel durch Extraktion mit Schwefelkohlenstoff abgetrennt wurde, hatte folgende Gehalte (Angaben in %):

Cu	Pb	Ni	Fe	S	Edelmetalle
30,1	6,9	1,5	0,9	19,9	1,82

Die DTA dieses "entschwefelten" Schlammes zeigte, daß ein merklicher Anteil aus unzersetztem Spurstein besteht.

Die Frage der Weiterverarbeitung des Elektrolyseschlammes ist für die
Wirtschaftlichkeit des gesamten Verfahrens von wesentlicher Bedeutung.
Ihrer Komplexität wegen konnte sie im Rahmen dieser Arbeit nicht abge-
handelt werden; dafür wäre eine eigenständige Untersuchung notwendig.
Soviel läßt sich jedoch feststellen:
1. Eine Abtrennung des Elementarschwefels als erster Verfahrensschritt
ist notwendig. Dafür ist ein Verfahren erforderlich, bei dem eine Rück-
sulfidierung vermieden wird und der Edelmetallgehalt des Schwefels ver-
nachlässigbar klein wird.
2. Ein unmittelbares Einschmelzen des E-Schlammes und Vergießen zu
Anoden - wie es Kuxmann und Biallaß (7) vorschlagen - ist nicht empfeh-
lenswert, sondern ein mehrstufiges kombiniertes naß- und schmelzmetall-
urgisches Verfahren, bei dem der relativ hohe Edelmetallgehalt besonders
berücksichtigt werden muß.

6. <u>Verarbeitung des Elementarschwefels</u>

Zunächst wurde die Möglichkeit untersucht, geschäumten Schwefel in vor-
gegebenen Formaten zu erzeugen. Als Treibmittel wurde aus dem der Schmelze zugemischten Natriumhydrogencarbonat entstandenes CO_2 und H_2O benutzt.
Aus Vorversuchen ergab sich aus der Ermittlung der Steighöhe, daß mit
1 % Natriumhydrogencarbonatzugabe eine optimale Aufblähung der Schmelze
bei 180 °C erreicht wird, vergleiche Bild 21. Bei Zusätzen über 1 % ent-

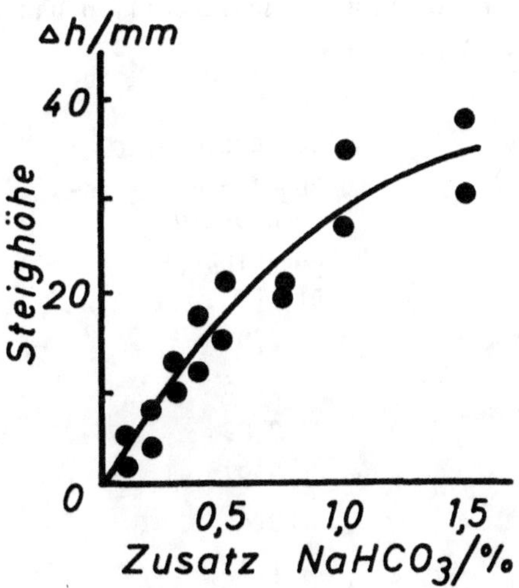

<u>Bild 21</u>: Steighöhe des Schwefelschaumes in Abhängigkeit des $NaHCO_3$-Zusatzes

stehen große Blasen, die rasch zur Oberfläche aufsteigen. Es gelang
nicht, den Schaum in feste Blockformate zu überführen, da im Bereich
des bei der Abkühlung entstehenden dünnflüssigen Zustandes der Schaum
in sich zusammenfiel. Auch der Zusatz von Sand zur Erhöhung der schein-
baren Viskosität brachte keinen Erfolg.
Daraufhin wurden aus der geschäumten Schmelze Hohlgranalien unter folgenden Bedingungen erzeugt: Schmelzentemperatur 180 °C; Düsenöffnung
5 mm; Fallhöhe 0,5 m; Kühlwassertiefe 0,5 m.
Die so erzeugten Hohlgranalien hatten folgende Siebanalyse:

Korngruppe/mm	0...2	2...4	4...8	8...16	>16
Massenanteil/%	4,0	16,1	64,6	13,3	2,0

Die Fraktion >16 mm bestand vollständig, die 8/16 zum großen Teil aus
Kornagglomeraten.
Um eine erste Aussage über die Verwendbarkeit so hergestellter Schwefelhohlgranalien als Leichtzuschlag für Beton zu erhalten, wurden die Druck-
festigkeiten von Zement-Schwefel und Zement-Blähtonmischungen untersucht.
Ausgangsmaterial für die Betonproben war ein Portlandzement der Festig-
keitsklasse 350 F nach DIN 1164, das Verhältnis von Wasser zu Zement bei
allen Mischungen 0,35.
Variiert wurde die Menge der Zuschlagstoffe mit einer Kornfraktion von
4 bis 8 mm. In Tabelle 4 sind ihre für die Beurteilung wichtigsten Eigenschaften zusammengestellt.

<u>Tabelle 4</u>: Eigenschaften von Schwefelhohlgranalien und Blähton der
Kornfraktion 4 bis 8 mm

	Schwefelhohlgr.	Blähton
Kornform	kugelig bis mais-kornförmig	kugelig
Kornoberfläche	geschlossen, glatt	geschlossen, leicht rauh
Dichte in g/cm³	2,04	2,17
Kornrohdichte in g/cm³	1,56	0,60
Schüttdichte in g/cm³	0,89	0,34
Rüttdichte in g/cm³	0,97	0,37
Kornporigkeit in VOL-%	23,4	72,2
Wasseraufnahme in %	1,3	11,8

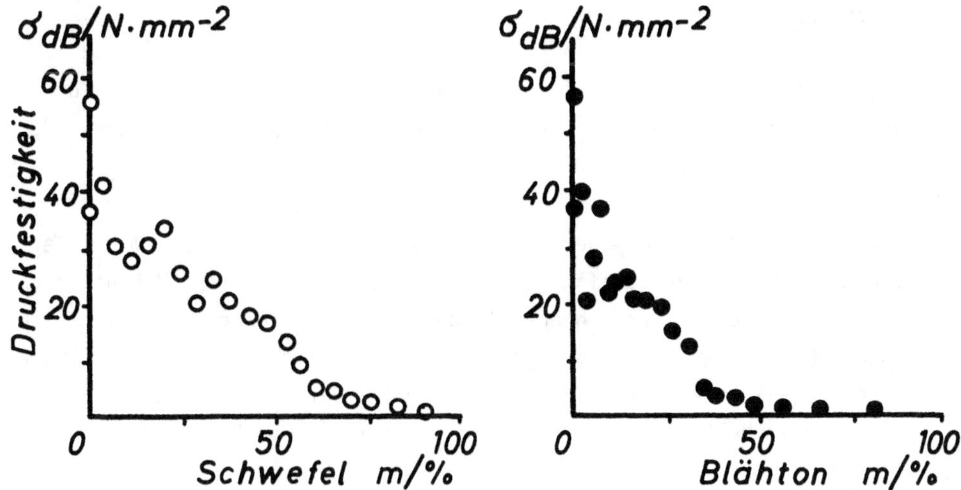

Bild 22: Druckfestigkeit des Betons in Abhängigkeit der Massenanteile der Zuschlagstoffe

Für die Probenherstellung wurden in Wasser gelagerte Granalien benutzt, der Frischbeton nach dem Einfüllen in die Form durch leichtes Stampfen verdichtet und die Entformung nach 1 Tag vorgenommen. Die Untersuchung der Proben erfolgte, nachdem diese mit nassem Zellstoff umwickelt und in Kunststoffbeuteln verpackt bei 20 °C 7 Tage gelagert hatten.

Aus der Dichte der Betonproben folgt, daß sich der Blähtonbeton schlechter verdichten läßt, seine "Haufwerkporigkeit" - bei gleichen Volumenanteilen des Zuschlages - größer ist.

Die Druckfestigkeit ist von der Menge des Zuschlages abhängig. Wird auf Massenprozente bezogen, so liegen die Werte, wie aus Bild 22 zu erkennen ist, für den Beton mit Schwefelhohlgranalien höher als für den mit Blähton. Wird jedoch auf Volumenprozente bezogen und dabei außerdem die Haufwerkporigkeit des Betons berücksichtigt, so ergibt sich kein Unterschied zwischen beiden Betonsorten. Die Druckfestigkeit läßt sich dann durch folgende Regressionsgleichung wiedergeben:

$$\sigma_{dB} = 40,7 \cdot V_Z - 7,1 \cdot V_K + 0,6 \text{ in N/mm}^2$$

V_Z : Volumenanteil Zementstein

V_K : Volumenanteil Zuschlag

Um die Verwendbarkeit von Schwefelhohlgranalien als Betonzuschlag vollständig beurteilen zu können, sind weitere Untersuchungen notwendig, z.B. Prüfung der Wärmedämmung, der Korrosionsbeständigkeit und der Feuerbeständigkeit.

7. Zusammenfassung

Untersuchungen zur Elektrolyse von technischem Spurstein wurden für
Stromdichten von 400 A/m² bis 1.100 A/m² und für ein periodisches
kurzfristiges Umkehren der Stromrichtung durchgeführt.

Unabhängig von der Höhe der Stromdichte und des Arbeitens mit Umpoler
lagen die Werte für Leitfähigkeit, Zugfestigkeit und Bruchdehnung des
erzeugten Katodenkupfers höher als den Normen entspricht. Hinsichtlich
chemischer Zusammensetzung lagen lediglich der Schwefel- und der Silbergehalt des Katodenkupfers zu hoch. Das wird auf die nicht optimalen
Strömungsverhältnisse in der Versuchsapparatur zurückgeführt.

Die Ergebnisse lassen Versuche im halbtechnischen Maßstab als sinnvoll
erscheinen.

Eine Spursteinelektrolyse im technischen Maßstab sollte im Verbund mit
einer Raffinationselektrolyse betrieben werden.

Ein in der Literatur vorgeschlagenes Tempern der gegossenen Spursteinanoden bringt keine Verbesserung ihrer mechanischen Eigenschaften.

Hohlgranalien aus dem bei der Spursteinelektrolyse anfallenden Schwefel
ergaben gemischt mit Zement ein Leichtbeton, dessen Druckfestigkeit dem
von mit Blähton erzeugten vergleichbar ist.

Literaturverzeichnis

1. Kuxmann, U.: Entwicklungstendenzen der Verfahren zur Gewinnung von Kupfer, Erzmetall 27 (1974), 55/64

2. Davis, J. C.: Chem. Engng. 79 (1972), No 17, 30/31

3. Hoar, T. P., Ward, R. G.: The production of copper and sulfur by the electro-decomposition of cuprous sulfide, Bulletin of the Institution of Mining and Metallurgy, 67 (1958), 393/410

4. Prior, K.: Kupfer, in Ullmanns Encyklopädie der technischen Chemie 3. Auflage, Bd. 11, S. 165. Verlag Urban und Schwarzenberg, München, Berlin, 1959

5. Kruesi, P. R., Lake, J. L.: CIM Bulletin 66 (1973), 81

6. Krüger, J., Winterhager, H.: Beitrag zur elektrolytischen Aufarbeitung von metallurgischen Zwischenprodukten, insbesondere von Steinen und Speisen, Erzmetall 26 (1973), 268/275

7. Kuxmann, U., Biallaß, H.: Untersuchungen zur Kupferstein-Elektrolyse, Erzmetall 22 (1969), 53/64

8. Venkatachalam, S., Mollikarjunan, R.: Direct electrorefining of cuprous sulfide and copper matte, Bulletin of the Institution of Mining and Metallurgy 77 C (1968), 45/52

9. Habashi, F., Torres-Acunia, N.: The anodic dissolution of copper (I) sulfide and the direct recovery of copper and sulfur from the white metal, Trans. Met. Soc. AIME 242 (1968), 780/787

10. Laig-Hörstebrock: Elektrochemisches Verhalten von Metallsulfid-anoden, Dissertation, TU Berlin, 1969

11. Ibl, N.: Oberfläche-Surface 14 (1973), 367/368

12. Persönliche Mitteilung, Norddeutsche Affinerie, Hamburg, 1975

13. Balberyszki, T., Andersen, A. K.: Proc. Austr. Inst. Min. Met.
    (1972), Nr. 244, 11/23, 25/33

14. Pearson, E. W.: Soc. Min. Eng., (1974), Dez., 40/41

15. Petrov, D.: Elektrolytische Kupferraffination bei erhöhter Strom-
    dichte, Eigendruck eines Vortrages auf der bulgarischen National-
    ausstellung in Köln, Nov. 1972

16. Wallden, S. J. u. a.: Electrolytic copper refining at high current
    densities, Jornal of metals 11 (1959), 528/534.

17. Jocobi, J. S.: Hochleistungs-Elektrolyse zur Raffination von
    Kupfer, Vortrag vor Fachkreis Kupfer auf der Hauptversammlung der
    GDMB 1973

18. Kellogg, H. H.: Thermochemical properties of the system Cu-S
    at elevated temperature, Canadian Metallurgical Quarterly 8
    3/23

19. Johannsen, F. und Vollmer, H.: Untersuchungen im System Kupfer-
    Kupfersulfid, Erzmetall 13 (1960), 313/322

20. Opie, W.: Factors affecting purity and structure of comercial
    grads of copper, Wire and Wire products 39 (1964), 1309/1314, 1367

21. Bashforth und Adams: An Attempt of Test Theories of Capillarity,
    Cambridge, Univ. Press, 1883

22. Baes, C. F. und Kellogg, H. H.: Effect of Dissolved Sulfur of
    the Surface Tension of Liquid Copper
    in: OFHC Brand Copper, AMAX Copper Inc., New York, 1974

23. von Röpenack, A.: Einfluß von Verunreinigungen auf Viskosität und
    Oberflächenspannung geschmolzenen Kupfers,
    Dissertation, TU Berlin, 1969

Nach Abschluß und Auswertung der Versuche, jedoch vor Fertigstellung des Schlußberichtes, starb mein Kollege Professor Dr.-Ing. Wilfried Wiese. Er hatte großen Anteil am Zustandekommen dieser Arbeit.

Auch in seinem Namen möchte ich danken

dem Ministerium für Wissenschaft und Forschung des Landes Nordrhein-Westfalen für die Bereitstellung von Sach- und Personalmitteln zur Durchführung dieser Arbeit,

der Norddeutschen Affinerie in Hamburg für mannigfache Unterstützung,

meiner Frau Ursula Dobbert für die Durchführung und Auswertung der Versuche

und den Herren Ing. (grad.) Barwich, Fromme, Röhr, Rühling und Spieß für die Bearbeitung von Teilproblemen.

Lemgo, 15. Januar 1977

Günter Dobbert

GPSR Compliance
The European Union's (EU) General Product Safety Regulation (GPSR) is a set
of rules that requires consumer products to be safe and our obligations to
ensure this.

If you have any concerns about our products, you can contact us on

ProductSafety@springernature.com

In case Publisher is established outside the EU, the EU authorized
representative is:

Springer Nature Customer Service Center GmbH
Europaplatz 3
69115 Heidelberg, Germany